NOTICE

SUR LES

EAUX THERMALES

ET EN PARTICULIER SUR CELLES

DE PLOMBIÈRES

PAR

M. LE D[r] ACH. DAVILLER

MÉDECIN CONSULTANT AUX EAUX DE PLOMBIÈRES (VOSGES)
EX-INTERNE LAURÉAT DES HÔPITAUX CIVILS DE NANCY
(Mention honorable 1867-68. — Premier prix de clinique 1868-69)
MEMBRE CORRESPONDANT DE LA SOCIÉTÉ DE MÉDECINE DE CETTE VILLE

Et ce champ ne se peut tellement moissonner
Que les derniers venus n'y trouvent à glaner.

NANCY
IMPRIMERIE BERGER-LEVRAULT ET Cie
11, RUE JEAN-LAMOUR, 11

1874

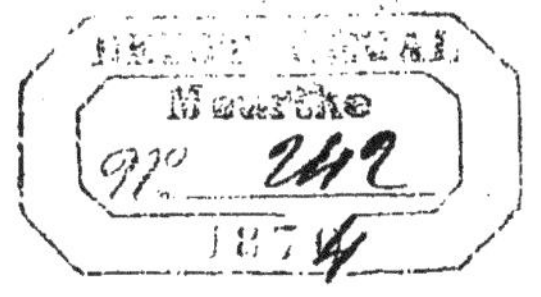

LES EAUX THERMALES

PLOMBIÈRES

NOTICE

SUR LES

EAUX THERMALES

ET EN PARTICULIER SUR CELLES

DE PLOMBIÈRES

PAR

M. LE D[r] ACH. DAVILLER

MÉDECIN CONSULTANT AUX EAUX DE PLOMBIÈRES (VOSGES)

EX-INTERNE LAURÉAT DES HÔPITAUX CIVILS DE NANCY

(*Mention honorable 1867-68. — Premier prix de clinique 1868-69*)

MEMBRE CORRESPONDANT DE LA SOCIÉTÉ DE MÉDECINE DE CETTE VILLE

Et ce champ ne se peut tellement moissonner
Que les derniers venus n'y trouvent à glaner.

NANCY

IMPRIMERIE BERGER-LEVRAULT ET Cie

11, RUE JEAN-LAMOUR, 11

1874

LES EAUX THERMALES

PLOMBIÈRES

AVANT-PROPOS

Si l'étude du corps humain est assurément la plus attrayante et la plus féconde en merveilleuses découvertes, celle du monde inorganique nous offre également un riche contingent de phénomènes dont l'étrangeté est aussi constante que leur explication difficile.

Car si le naturaliste, armé du scalpel et du microscope, promène des regards investigateurs jusque dans les plus intimes profondeurs des tissus, le géologue, lui, n'a pour se guider dans sa route que le flambeau si insuffisant de l'hypothèse et de la déduction théorique. Il est obligé de comparer le connu à l'inconnu, le présent au passé; de creuser par la pensée les entrailles du sol qu'il lui est interdit de sonder matériellement; enfin, de pénétrer, à travers un voile tout de rocs et de pierres, les secrets si nombreux que notre planète recèle dans ses flancs.

Heureusement, la géologie et la paléontologie ont fait de tels progrès depuis la seconde moitié du dernier siècle jusqu'à nos jours, que le chaos dans lequel ces sciences étaient englouties commence à se débrouiller peu à peu.

On sait enfin où l'on va : on a pu se rendre compte de la genèse et de la formation successive des différentes couches terrestres ; on a expliqué par des faits scientifiquement irrécusables les diverses catastrophes qu'a dû subir notre planète avant d'arriver à ce qu'elle est aujourd'hui, solidement concrétée et à l'abri désormais des éléments autrefois déchaînés contre elle ; enfin, chose plus surprenante encore et digne de l'admiration des siècles, on a pu reconstituer les faunes et les flores, suffisamment pour en avoir la notion exacte, de ces diverses périodes géologiques dont l'ensemble constitue l'histoire véritable du monde.

Mais tout n'est pas fini encore, et, comme le dit avec raison M. Agassiz[1], « les causes physiques sont actuellement ce qu'elles étaient jadis. Les agents physiques et chimiques agissent aujourd'hui comme ils ont agi depuis l'origine. Nous en avons une preuve

1. Conférences scientifiques de New-York. *Revue scientifique*, p. 820.

dans le caractère identique des roches appartenant aux plus anciennes et aux plus récentes formations, et dans l'identité chimique des matériaux dont sont formés les corps célestes.... »

Notre globe donc, soumis à des évolutions et à des changements successifs, conserve, dans un certain nombre de ses points, des vestiges irrécusables de ce que durent être les cataclysmes antiques auxquels il fut assujetti. Tels sont les volcans et les tremblements de terre, pour ne citer que les principaux [1].

On a dit, depuis longtemps, que les volcans sont des évents naturels, des soupapes de sûreté, en quelque sorte, qui protégent l'écorce terrestre contre les efforts et les menaces de dislocation du feu central. Nous partageons complétement cette manière de voir, et nous pensons aussi que les tremblements de terre ne sont autre chose que l'expression de la même force qui se traduit d'une façon différente.

Mais si ces phénomènes sont expliqués, il en est d'autres, à peu près du même ordre, qui ne le sont pas encore, ou du moins d'une manière très-insuffisante. De ce nombre sont les eaux thermales. Non pas que les explications manquent ; loin de là : il y en

1. Il y a encore les *inondations* ou *déluges*. Mais ce phénomène n'étant que très-secondaire pour le développement de notre sujet, nous le passons sous silence.

a beaucoup, beaucoup trop même, ce qui engendre une confusion déplorable.

Car il est peu de questions qui aient excité l'étonnement des peuples et la sagacité des géologues au même point que celle de ces eaux.

CHAPITRE PREMIER

Des Eaux thermales en général.

Aussi a-t-on beaucoup écrit sur toutes les localités qui en possèdent ! Cela tient, en premier lieu, à ce que cette question des eaux minéro-thermales offre beaucoup d'intérêt et tend à acquérir de jour en jour une importance plus considérable, et sans doute aussi à une sorte d'engouement qui ne manque jamais de se produire autour du berceau d'un traitement ou d'un médicament nouveau.

Or, tout le monde sait qu'il n'existe guère de question thérapeutique pour avoir soulevé tant de discussions que celle qui nous occupe. Tel médecin est devenu le partisan effréné de ce mode de médication, tel autre son adversaire juré et son plus violent antagoniste. De là, des querelles sans fin qui résultent tout simplement de ce qu'on ne s'est pas maintenu, de part et d'autre, dans les limites de l'observation et du raisonnement.

Certes, nous serions les premiers à considérer comme dépourvu de bon sens celui qui prétendrait faire des eaux minéro-thermales une panacée universelle ; mais nous serions aussi les premiers à les défendre et à soutenir leur efficacité dans un certain nombre d'affections bien définies.

En raison donc de la difficulté du sujet et de l'obscurité qui l'enveloppe encore, nous réclamons l'indulgence de nos lecteurs et nous les prions de considérer les opinions émises dans cet opuscule comme l'expression exacte de nos idées personnelles.

Dans cette première partie de notre travail, nous traiterons des eaux thermales en général, au point de vue géologique et topographique (si je puis m'exprimer ainsi), et des eaux de Plombières en particulier, également dans le même sens.

Quant à la clinique de Plombières, nous élèverons la voix à ce sujet lorsque nous y serons autorisé par des observations personnelles et que nous aurons dégagé du nuage qui les dérobe encore en partie à nos yeux, l'efficacité de ses eaux et les cures produites par leur administration *intus* et *extra*.

De l'eau chaude qui sort de terre !

L'explication de ce phénomène, malgré les données et les découvertes modernes, n'est pas encore complétement dégagée des ténèbres qui l'environnent, ce qui en fait un phénomène naturel étrange qui excite au plus haut point notre étonnement et provoque une fois de plus notre admiration pour les manifestations des forces de la nature.

Et cela est d'autant plus naturel que la manière

dont se comportent ces eaux, au point de vue qualitatif et quantitatif, semble en contradiction complète avec ce qu'on observe au sujet des eaux ordinaires.

Ainsi (pour ne citer que les faits les plus saillants), quelle que soit la température ambiante, la leur reste stationnaire; qu'il y ait sécheresse ou non, leur quantité ne varie que dans des proportions insignifiantes. Enfin leur composition, comme l'ont démontré de nombreuses analyses qualitatives, leur composition chimique reste constamment la même.

Comme tous les phénomènes naturels ont une cause (connue ou occulte), ces contradictions dans la manière d'être des eaux thermales doivent trouver leur explication, ou du moins la science doit scruter, autant que faire se peut, les entrailles de la terre pour lui demander raison de cette déviation apparente à l'ordre normal.

Aussi, est-ce la géologie qui s'est chargée de cette tâche difficile.

Si donc nous jetons les yeux sur une carte du globe et si nous pointons du regard les localités que la nature a bien voulu gratifier d'eaux minéro-thermales, nous nous convaincrons sans peine que, dans leur voisinage, se trouvent des traces de volcans éteints ou qu'il en existe actuellement encore en ignition.

Nous ne faisons qu'énoncer cette proposition générale, laissant à nos lecteurs le soin de s'en assurer par eux-mêmes.

Ce qui ne nous empêche pas d'être en butte à une foule d'objections. Aussi allons-nous prendre les devants et réfuter celles qui nous semblent les plus sérieuses et les mieux fondées.

Et tout d'abord, pourquoi, dans un même lieu, voyons-nous des eaux froides émerger du sol à une faible distance des eaux thermales ? C'est une chose qui semble difficile à expliquer. Cependant, si l'on pense aux terribles révolutions géologiques qui ont bouleversé ces régions, si l'on réfléchit aux formidables secousses qui ont remué et soulevé ces terrains volcaniques, l'on se figurera sans peine que des fissures se sont établies plus ou moins profondément dans le sein de la croûte terrestre. De là, possibilité pour l'eau de s'infiltrer à une grande profondeur et de se rapprocher du foyer incandescent que le refroidissement lent et progressif du globe a dû repousser à une distance inappréciable pour nous. De là, également, la possibilité d'eaux froides sortant du sol comme les eaux ordinaires, par simple infiltration et sous l'influence de la loi hydrostatique de l'écoulement des liquides.

En outre, si l'on examine avec une certaine attention un pays à eaux thermales, on est étonné à l'aspect de ses sites étranges, de ses vallées profondes et bizarrement déchiquetées, de ses montagnes, tantôt moutonneuses, tantôt à pic : en un mot, c'est une tout autre configuration géologique que partout ailleurs.

Mais si l'on ne s'arrête pas à l'aspect extérieur et que l'on dirige ses investigations dans les entrailles du sol lui-même, on arrive à la découverte de phénomènes autrement concluants et dont on peut tirer les déductions les plus rigoureuses et les plus scientifiques.

Car c'est un terrain spécial qui forme la croûte de ces pays, un terrain d'origine volcanique, primitif[1], en un mot, dont le granit forme la base et qui n'est recouvert, dans une certaine étendue, par aucun dépôt d'alluvions.

Ce sont des roches d'origine ignée, qui appartiennent à l'époque silurienne et qui ont dû se former alors que la croûte terrestre, fort peu consolidée encore, était soumise à des transformations continuelles, sous la double action et l'influence combinée de l'eau à une haute température et de gaz à pression énorme.

L'on comprend que, dans ces régions, la croûte terrestre, consolidée par le mécanisme que nous n'a-

1. Qu'on nous passe le mot, car il exprime bien la chose, quoiqu'il ne soit plus admis dans le langage géologique actuel.

vons fait que citer [1], a dû subir ultérieurement bien des secousses et des transformations. En effet, les gaz et les matières en ignition, emprisonnés alors que le refroidissement et la consolidation de la croûte, ou plutôt de la pellicule terrestre, n'avaient atteint qu'un degré très-insuffisant de résistance, ces gaz et ces matières, disons-nous, ont dû, en raison de leur puissance extraordinaire et de leur extrême dilatabilité, chercher à se frayer une issue et à briser la digue qui les retenait captifs.

D'où, à différentes reprises, les soulèvements, les effondrements successifs, les apparitions volcaniques, les tremblements de terre, les solfatares, les fumerolles, etc., etc., dont ces mêmes terrains granitiques, ou primitifs, ou d'origine ignée, ont été et sont encore actuellement le siége.

Voyons si quelque chose d'analogue se passe dans les terrains secondaires qui embrassent toute la sérïe des dépôts d'alluvions, y compris le terrain crétacé supérieur ! Recherchez, si vous voulez encore, des exemples de faits analogues dans le terrain tertiaire, enfin dans les dépôts diluviens et les dépôts modernes !

Vous ne trouverez rien de semblable.

---

1. Les développements sur ce point si intéressant de la formation du globe nous entraîneraient dans des digressions étrangères à notre sujet.

Ces montagnes granitiques sont donc les plus anciens monuments des formations et des révolutions géologiques et en même temps la preuve la plus palpable du rôle qu'ont dû jouer la force aqueuse et la force ignée réunies, pour concourir à la consolidation de l'écorce du globe en certains points déterminés.

Elles sont aujourd'hui encore à peu près les seuls témoins de ce que nous appellerions volontiers un arrière-goût des cataclysmes géologiques anciens ; car, de temps en temps, des grondements souterrains viennent retentir à leurs pieds et des secousses faire vibrer leur charpente qui résiste aux efforts impuissants d'un ennemi intérieur.

Et enfin, dernière preuve, dernier vestige de ces luttes contre la matière solide d'une part, et la matière gazeuse et ignée de l'autre, dans ces mêmes endroits jaillit du sol une eau chaude et fumante qui puise, selon toute probabilité, à ce même foyer, les propriétés physico-chimiques qui en font, dans bien des maladies, un agent thérapeutique d'une efficacité incontestable.

La chaleur et le feu, joints à l'action de l'eau et de gaz à une haute température et à une pression énorme, ont donc fait, dans ces terrains primitifs, ce que l'eau a produit, au moyen de ses alluvions successives, pour la formation des terrains plus récents.

En résumé, le feu et l'eau avec le rayonnement solaire et les gaz sont les *organisateurs,* sinon les *générateurs*, les plus certains des terrains à base granitique.

Si maintenant nous concluons du général au particulier, nous verrons que ce qui est vrai pour le monde entier est exact également pour un espace plus restreint, pour une contrée seule.

Car, prenant toujours Plombières pour point de comparaison, nous observons que cette ville ne possède pas des eaux thermales à l'exclusion des localités avoisinantes ; en effet, nous en trouvons à Bains, à Luxeuil, à Bourbonne, pour ne citer que les principales.

C'est donc une espèce de *rayon thermal,* si nous pouvons nous exprimer ainsi. Et il en est de même pour toutes les stations thermales : une source chaude n'existe jamais seule, et, sur une certaine étendue concentrique de terrain, on constate la présence de sources dont la température (chose très-remarquable) va en diminuant progressivement au fur et à mesure qu'on s'éloigne du centre de la zone.

Ce centre, en même temps qu'il fournit l'eau la plus chaude, correspond aussi à l'endroit du sol le plus déprimé, le plus bas.

Ce mode de configuration des zones thermales nous met sur la voie de ce qu'elles ont été aux époques géologiques les plus reculées, et nous rend compte, en même temps, des phénomènes d'un certain ordre qui se passent actuellement, soit sur les continents, soit au sein des mers.

Car la nature procède toujours suivant une logique invariable, et si la transformation (le transformisme de Darwin) des êtres est soumise à des lois fixes, déterminées, immuables, le monde physique lui-même obéit à une impulsion non moins régulière dont il n'a pas dévié depuis l'origine des siècles, ainsi que l'œil humain a pu s'en assurer depuis qu'il lui a été donné de scruter les entrailles du sol, et de comparer les faits actuels à ceux dont il ne reste plus aujourd'hui que des traces.

C'est précisément une comparaison de ce genre que nous allons tenter d'établir.

Personne n'ignore que, s'il est beaucoup de volcans éteints, non-seulement il en existe qui sont aujourd'hui en pleine activité, mais d'autres qui se forment journellement et dont l'apparition est assez récente pour que des voyageurs et des savants contemporains aient pu noter tout ce qui est relatif à leur apparition, leur forme, leur étendue, etc., etc.

Telle est la formation du Jorullo, dont M. de Humboldt a fait une si intéressante relation.

C'est dans le Méchoucham, près de la ville d'Ario, le 20 septembre 1759. « Après deux mois de tremblements de terre, dit ce savant, au milieu d'une plaine couverte de cannes à sucre et d'indigo, traversée par deux ruisseaux, il se forma en une nuit une gibbosité de 160 mètres de hauteur vers le centre, couverte par des milliers de petits cônes fumants, au milieu desquels s'élevèrent six grandes buttes placées sur une même ligne dans la direction des volcans de Colisna et de Popocatepelt. La plus haute de ces buttes, nommée Jorullo, était de plus de 500 mètres de hauteur au-dessus de la plaine; de ses flancs, il s'échappa une assez grande quantité de laves, d'eau chaude..., etc. »

Sans parler du cratère adventif du Vésuve, qui n'existait certainement pas au temps du naturaliste Strabon, nous observons des faits curieux de soulèvements et d'éruptions volcaniques au sein même de l'Océan.

De ces éruptions sous-marines dont l'énumération et la description seraient trop longues (Julia, 1831, au S.-O. de la Sicile; Bogoslaw, en 1814, dans l'archipel Aléoutien; Sabrina, dans les Açores, en 1811; Unalaska, 1796, dans les îles Aléoutiennes, etc.), de ces éruptions, disons-nous, la plus remarquable, sans contredit, est celle qui s'est produite successivement dans la Méditerranée.

Au centre de l'espace compris entre les îles Santorin, Thérésia et Aspronisi, s'élevèrent successivement Hiera (186 ans avant notre ère), Micra-Kameni (1573); Néa-Kameni (1707), en s'accroissant graduellement en 1709, 1711, 1712, etc.

Mais à quoi bon avoir cité tous ces faits? C'était pour faire remarquer (ce qui est d'une importance capitale pour la conclusion à laquelle nous voulons arriver) que ces poussées volcaniques s'exécutent sur un rayon circulaire qui possède un centre d'action constant, plus déprimé que les bords du cercle.

Or, si nous réfléchissons à ce qui existe pour les rayons volcaniques éteints, et si nous nous reportons à ce qui a été dit précédemment, nous verrons que ces rayons affectent absolument la même configuration que les premiers.

Donc, logiquement, ils doivent avoir la même origine, le même mode de formation; et les eaux thermales qu'on y observe encore sont les seuls vestiges et les bienfaisants reliquats d'une origine volcanique dont elles subissent encore l'action, comme nous essayerons de le démontrer dans les pages suivantes.

Ces prémisses une fois posées, à savoir que les eaux thermales sortent du sol aux environs des montagnes granitiques ou granitoïdes; qu'elles ne sont aucunement recouvertes par des terrains d'alluvions; que le mode de formation circulaire ou plutôt concentrique des volcans actuels donne la clef de la formation des zones thermales qui ne sont, selon toute probabilité, que les foyers de centres volcaniques éteints[1]; ces divers termes de la question une fois résolus et démontrés, nous devons aborder la partie la plus ardue, la plus controversée, la plus hypothétique du problème qui nous occupe.

1° Y a-t-il un foyer auquel l'eau va puiser sa chaleur ?

2° S'il existe, quelle est sa nature, sa distance, son intensité ?

3° Ou bien n'existe-t-il pas, et cette eau puise-t-elle dans le sol lui-même, à une grande profondeur, la chaleur qui lui est propre ?

Telles sont les trois questions qui se posent et auxquelles nous allons nous efforcer, sinon de donner

---

1. Nous allons encore citer en passant un fait qui, pour être d'importance secondaire, n'a pas moins une valeur réelle dans la série des arguments ci-dessus énumérés. Nous voulons parler de la direction des montagnes au pied desquelles on trouve des eaux thermales. Cette direction est à peu près sensiblement la même O. 31° S. Elles appartiennent toutes au terrain silurien et correspondent au *cinquième soulèvement* dit *de Hundsrück*. « On trouve cette direction (BEUDANT, *Minéralogie, géologie*, p. 296) dans les Vosges, le Beaujolais, le Forez, dans certains gneiss du Limousin, à la Montagne-Noire (Aude), à la base des Pyrénées, dans les montagnes des Maures (Var), en Corse, etc....

« Ce système, qui appartient aussi à ce qu'on a nommé les terrains *primitifs* et de *transition*, se trouve dans le Harz, dans l'Erzgebirze, en Bohême, en Suède, en Finlande, etc., etc. Il est établi nettement en Angleterre dans les Cornouailles, le Westmoreland, les Grampians. »

une solution positive (ce qui serait par trop prétentieux, et ce qui, du reste, est impossible), du moins de trouver une explication aussi logique que possible.

a) Y a-t-il un foyer ?

D'après ce que nous avons établi dans notre chapitre sur les eaux thermales en général, la réponse est toute faite. Selon nous, il existe un centre de chaleur dont la présence nous semble indiscutable d'après les raisons que nous avons exposées précédemment.

b) Mais si l'existence de ce centre calorifique ne saurait être mise en doute, il n'en est plus de même de sa nature, de son siége, de son intensité, etc., etc.

Est-ce le feu central proprement dit ?

Ou bien est-ce le foyer non éteint, mais repoussé par le refroidissement et la consolidation graduels des couches superficielles, d'un ou de plusieurs anciens volcans dont la nature elle-même du terrain démontre l'existence antérieure ?

Ou bien enfin, n'est-ce ni l'un ni l'autre, et cette eau sort-elle tout simplement d'une profondeur assez considérable pour présenter de 20° à 100° maximum ? (On sait qu'à mesure qu'on descend de 33 mètres au-dessous du niveau moyen et qu'on pénètre vers le centre de la terre, la température augmente de 1° C.)

Nous commençons par cette dernière hypothèse,

parce que c'est elle qui semble rallier les opinions de la plupart des géologues modernes.

Nous lisons dans l'ouvrage de M. Beudant[1]: « Aujourd'hui l'accroissement reconnu de la température à mesure qu'on descend dans l'intérieur de la terre, qui est environ 1° par 33 mètres au-dessous de la température moyenne, fait naturellement conclure que la chaleur des eaux thermales tient à ce qu'elles viennent, comme celles des puits artésiens, d'une profondeur plus ou moins considérable et qu'on peut même calculer dans chaque lieu. On conçoit qu'à cette profondeur et à une température convenable, les eaux puissent agir sur beaucoup de corps et en extraire des matières qui les distinguent de celles qui proviennent des filtrations superficielles.

« ....Les eaux minérales sont assez variées par la nature des principes qu'elles renferment et se présentent dans un grand nombre de localités où elles sont plus ou moins renommées sous le rapport médical.

« Les eaux chaudes sont généralement assez communes, mais celles dont la température arrive jusqu'à l'ébullition sont rares, et l'on ne connaît en France que les eaux de Chaudes-Aigues et de Vic, dans le Cantal, qui soient dans ce cas. »

---

1. Page 107. Chapitre *Hydrogénides*.

Il y aurait beaucoup d'objections à faire à une telle manière d'envisager et d'expliquer le phénomène qui nous occupe ; d'ailleurs, ce que nous avons établi dans l'exposé qui précède nous semble rendre compte de la chose d'une manière aussi logique.

Car, lorsqu'on met le pied dans le champ si vaste de l'hypothèse (et c'est souvent le seul moyen de faire avancer la science), il faut chercher, avant de s'y tenir, celle qui se rapproche le plus de la vraisemblance, sinon de la *vérité absolue*, qui, du reste, n'existe pas lorsqu'il s'agit de sciences naturelles. Il faut, après un mûr examen, adopter celle qui est étayée par les considérations scientifiques les plus sérieuses et les déductions les plus concluantes.

Nous ne ferons donc qu'ajouter quelques mots à ce que nous avons dit précédemment, et nous ferons observer qu'il est fort invraisemblable :

1° Que des eaux dont la température est si élevée et qui, pour cette raison, doivent prendre leur source à des profondeurs très-considérables, viennent ensuite sourdre au niveau du sol, à l'encontre de toutes les lois hydrostatiques et en vertu d'une force inconnue.

2° Que si l'on considère ces sources comme soumises aux mêmes conditions que les sources froides ordinaires, elles ne subissent jamais, comme ces dernières, des variations continuelles sous le rapport de la température, de la qualité et de la quantité. C'est précisément ce qui n'arrive pas.

3° Qu'elles ne soient répandues que dans des pays limités, spéciaux, à terrains granitiques, au lieu de se trouver indifféremment partout ailleurs.

4° Qu'il est fort invraisemblable, enfin, que ces pays qui possèdent des eaux thermales soient exposés, bien plus que tous les autres, aux tremblements de terre. Il ne se passe pas vingt années sans qu'un phénomène de ce genre se produise [1].

Pourquoi donc ici plutôt que là ? Pourquoi ? Quelle raison donner, sinon celle d'une force souterraine, d'un feu intérieur emprisonné sur lequel pèsent des masses énormes de granit et de basalte, d'un foyer dont la puissance, amoindrie par ce poids énorme, ne se traduit plus que par des secousses insignifiantes, et dont les eaux thermales sont la preuve la plus palpable et le résultat le plus bienfaisant ?

D'ailleurs, des voix plus autorisées que la mienne ont pris la défense de cette théorie qui établit une corrélation entre la chaleur des eaux et les volcans en pleine activité ou les volcans actuellement éteints, « mais dont l'action persiste encore sur les produits

1. A Plombières, on cite ceux de 1682, qui fit bon nombre de victimes, et plus récemment de 1853, 1854, 1861. A cette dernière époque, les secousses furent surtout considérables aux environs de Bourbonne et à Bourbonne même, dans un rayon de 30 kilomètres.

de leur opération ou sur la masse des couches qui les avoisinent[1] ».

Nous demandons à MM. Lemoine et Lhéritier l'autorisation de reproduire le passage de leur *Guide* dans lequel ils traitent cette partie si intéressante de la question :

« ....Quant à la liaison qui existe entre la température des eaux thermales et les volcans éteints ou leurs produits, nous pouvons la concevoir après une simple étude géognostique. On a constaté, en effet, l'existence fréquente, sinon presque constante, des eaux thermales dans le voisinage des roches que la plupart des géologues s'accordent à considérer comme le produit d'une action volcanique préexistante, toutes les fois qu'ils ne peuvent les attribuer à l'opération des volcans actuellement en activité. En s'en tenant, il est vrai, à la simple apparence de la superficie du sol, où tout est calme et tranquille, on se sent disposé à croire que si ces feux souterrains ont existé jadis, ils doivent être entièrement éteints depuis des siècles, et hors d'état de fournir aujourd'hui la moindre chaleur. Mais on sait qu'il n'est pas toujours impossible de suivre la chaîne qui relie ces apparences de calme extérieur avec les phénomènes plus frappants du volcanisme actif. N'a-t-on pas dé-

1. Lemoine et Lhéritier. *Itinéraire descriptif, historique et médical de Plombières,* p. 123 (Paris, Hachette, 1867).

montré que les nouveaux volcans font rarement irruption à travers les roches secondaires; qu'au contraire ils apparaissent presque invariablement au milieu de celles qui, comme les trachytes, les basaltes, le granit et ses congénères, offrent les traces non douteuses de la préexistence d'un agent igné? Est-il si difficile d'admettre que ces anciennes roches volcaniques, profondément situées, peuvent conserver leur état fluide primitif, ou se trouver en communication, au moyen de quelques fissures du globe, avec les foyers volcaniques modernes qui leur permettent de fournir aux eaux placées dans leur voisinage une source inépuisable de chaleur?

« En théorie, l'existence d'un foyer de chaleur intense au-dessous de ces masses basaltiques et trachytiques n'a rien d'inadmissible; car ces roches et toutes ces laves qui sortent des volcans actifs sont de très-mauvais conducteurs du calorique.... Et lorsqu'on réfléchit non-seulement à la haute température que ces roches volcaniques doivent avoir eue autrefois, mais encore à l'immensité des masses qui étaient alors à l'état fluide, il n'y a rien d'invraisemblable à supposer que ces couches rocheuses, bien qu'elles aient été les conducteurs du calorique souterrain pendant plus de 6,000 ans, conservent encore, à une certaine profondeur, la chaleur originairement produite par le volcanisme primitif....

« ....Ces considérations nous démontrent qu'il n'est pas impossible que la chaleur de beaucoup d'eaux thermales dérive de masses ignées depuis longtemps éteintes et profondément situées dans l'intérieur du globe. Mais, outre cela, rien ne nous empêche de supposer que le *volcanisme* est encore en *pleine activité* au-dessous des sources chaudes et de les considérer *comme les produits de la même cause qui amène les éruptions volcaniques et les tremblements de terre*. Cette conclusion ne tire-t-elle pas une valeur infinie de ces deux circonstances : 1° que les principes minéralisateurs sont les mêmes dans les sources thermales et dans les eaux déchargées par les cratères des volcans ; 2° que la température des sources subit une diminution remarquable, à mesure qu'elles s'éloignent du noyau des roches volcaniques, comme on le voit dans les Pyrénées et les Apennins [1] ? »

Voilà certainement des conclusions logiques, nettement formulées et qui se rapportent entièrement avec la manière de voir que nous nous sommes efforcé de mettre en lumière dans les pages précédentes.

Pour terminer ce qui a rapport aux généralités sur les eaux thermales, qu'il nous soit permis d'en appeler

1. Lemoine et Lhéritier. *Loc. citato*, p. 123 et seq.

à la haute compétence d'un illustre savant contemporain, M. Boussingault, de l'Institut.

C'est à propos des volcans des Cordilières des Andes et de leurs sources acides.

M. Boussingault vient de publier, à ce propos, une relation extrêmement intéressante [1], en même temps qu'il a communiqué à l'Académie des Sciences le résultat de ses recherches au sujet de la composition chimique de ces sources acides.

A l'heure où nous écrivons ces lignes, le travail de M. Boussingault n'est point encore publié entièrement : néanmoins, nous allons citer ceux des passages déjà publiés qui se rapportent à notre sujet, sauf à rectifier plus tard les lacunes que l'ignorance du reste du sujet aura pu y laisser.

Après avoir donné des détails sur les volcans de Pasto, de Tuquerès, de Toluna, de Ruiz; après avoir donné la description et la composition des salines iodifères des Andes, l'auteur dit : « Ainsi les roches cristallines, telles que le gneiss, le granit, etc., renferment, dans une situation bien définie, des sels alcalins qui se rencontrent également, soit dans les foyers des volcans, soit dans les roches voisines de ces foyers, comme le prouve la constitution des eaux thermales, et il y a ceci de remarquable que les

1. *Revue scientifique*, 7 mars 1874, p. 847 et seq.
2. Séance du 23 février 1874.

thermes persistent alors même que l'activité volcanique a disparu, de sorte que l'on est conduit à se demander si leur chaleur est due au feu des volcans ou à la température interne de la terre. Du reste, je ne crois pas possible d'établir une distinction bien nette entre ces deux sources de chaleur, distinction qui n'est pas nécessaire pour la discussion dans laquelle je vais entrer..., etc. »

Ainsi, bien qu'à notre grand regret l'auteur ne se prononce point d'une manière catégorique, il admet néanmoins le feu central comme cause de la chaleur des eaux thermales, en y associant toutefois la température interne de la terre, ce qui concilie les deux théories principales dont nous avons fait l'exposé et tenté ou plutôt hasardé la discussion.

CHAPITRE II

Des Eaux de Plombières en particulier.

Il n'entre point dans notre sujet de faire une description minutieuse des sources au point de vue de leurs propriétés physiques ou chimiques (température, qualités, quantités, rendement, etc., etc.). Du reste, ce sujet ne saurait être traité avec plus de précision et d'exactitude que dans l'ouvrage si estimé de MM. les ingénieurs Jutier et Lefort[1].

Nous ne voulons pas non plus entrer dans des détails historiques au sujet de Plombières. Il serait cependant fort intéressant pour le lecteur d'assister aux diverses phases qui marquent ses décadences et ses renaissances successives ; d'étudier les cataclysmes physiques et les diverses invasions humaines qui vinrent, tour à tour, bouleverser cette ville de fond en comble et en faire, deux ou trois fois pendant les premiers siècles, un monceau de ruines fumantes et inhabitées.

Mais pour ces détails nous renverrons les lecteurs aux nombreux ouvrages qui ont été faits à ce sujet,

---

1. *Études sur les eaux minérales et thermales de Plombières.* Paris, Baillière et fils, 1862.

et particulièrement, en ce qui concerne la partie scientifique, à l'ouvrage que nous venons de citer. Pour la partie que nous appellerions volontiers légendaire, anecdotique et descriptive, nous recommandons le *Guide* de MM. Lemoine et Lhéritier, dont nous avons déjà extrait un passage précédemment et qui renferme une foule de détails très-intéressants.

Notre but, à nous, est tout simplement de traiter la question des eaux au point de vue de leur emplacement actuel et de leurs propriétés physico-chimiques les plus remarquables.

Pour donner, avant d'aller plus loin, une idée exacte de la disposition des sources minéro-thermales de Plombières, nous allons citer le passage du livre de MM. Jutier et Lefort qui a trait à la question :

« La vallée de Plombières s'est ouverte par voie de fracture et de soulèvement, comme il arriverait à une épaisse dalle qui se briserait sous la pression exercée de bas en haut pendant qu'on maintiendrait ses extrémités, et les eaux minérales ont jailli du sein de la terre par la fente correspondant à cette rupture. La gerbe la plus forte a dû jaillir par le fond même de cette fente ; en même temps l'excédant des eaux a fait effort pour s'échapper par les fendillements latéraux qui aboutissaient, par le bas, à la ligne principale de rupture, et par le haut à des points plus ou moins élevés sur les berges ; mais ces fendillements doivent appeler et recueillir les eaux superficielles cherchant à pénétrer dans la masse fissurée du granit. Ces eaux d'infiltration rencontrent sur leur passage les colonnes ascendantes d'eaux minérales et se trouvent ramenées à la surface après s'être mélangées avec elles [1].... »

Cette théorie rend parfaitement bien compte de la différence de température qui existe entre les diverses sources thermales. Elle explique pourquoi cette température va diminuant au fur et à mesure qu'on s'éloigne de la partie la plus basse de la vallée et qu'on se rapproche de ses flancs. Ici, en effet, les sources chaudes se mélangent avec les eaux d'infiltration froides qu'elles rejettent au dehors avec elles. Si cette disposition offre un grand inconvénient au point de vue de la température de ces dernières sources, elle présente un avantage non moins grand au point de vue de la température des sources du thalweg. Elles sont, en effet, pour celles-ci, une sorte de sauvegarde qui défend leur pureté et les empêche de contracter aucun mélange avec les eaux avoisinantes.

C'est ce qui fait que nous possédons, à Plombières, des eaux chaudes qui ont été rangées en trois catégories :

1° Des eaux *très-chaudes* (62 degrés et au-dessus);

---

1. Jutier et Lefort. Ouvrage cité, page 49.

2° Des eaux *chaudes* (49 à 55 degrés) ;

3° Des eaux *tempérées* ou *savonneuses* (de 13 à 33 degrés).

Ces préliminaires posés, nous allons, si vous le voulez bien, visiter l'*aqueduc du thalweg* où se trouvent réunies les sources comprenant la première de ces trois catégories. Leur description, ainsi que celle de l'aqueduc, fera l'objet des pages suivantes.

Entrons par les étuves, car c'est de ce côté que nous allons rencontrer les choses les plus curieuses et les plus intéressantes.

Après avoir traversé l'antichambre de l'étuve principale, nous arrivons à une double porte qui s'ouvre sur un escalier profond et sombre.

La vapeur d'eau nous envahit et nous enveloppe d'un nuage épais, et nous éprouvons un saisissement indéfinissable en descendant dans cette galerie dont les secrets nous sont encore inconnus.

Après avoir descendu les marches de l'escalier, nous touchons au pavé du thalweg et nous sommes à environ 5 $^1/_2$ mètres au-dessous du niveau de la rue.

Une chaleur intense nous pénètre aussitôt, la sueur découle en abondance de nos fronts pour envahir bientôt les autres parties de notre corps.

Où allons-nous diriger nos pas ?

Si vous voulez me croire, nous allons d'abord marcher vers la partie nord de l'aqueduc.

Regardez attentivement autour de vous et notez, autant que le permet la lueur incertaine de nos lampes fumeuses, ce que vous remarquerez de plus saillant.

A droite, construction en maçonnerie de date récente; à gauche, roches granitiques, moutonneuses, usées, corrodées par le temps et l'action des eaux; en haut, substructions romaines dont un béton compacte, solide et d'une résistance extrême, forme la base; à nos pieds, le dallage moderne.

Au fur et à mesure que nous avançons vers le nord, la vapeur d'eau devient plus compacte, la chaleur plus intense, le jeu des poumons plus difficile. Peu à peu nous entendons s'élever un bruit qui n'est autre que celui de plusieurs chutes d'eau sur le dallage. Nous faisons ainsi, dans cette direction, un trajet de 20 à 30 mètres, et nous arrivons à une espèce d'évasement de la galerie qui forme l'extrémité nord de celle-ci. Ici la chaleur ambiante atteint son maximum, et le thermomètre, consulté au bout de quelques minutes, accuse la température excessive de 45° centigrades.

Hâtons-nous donc de jeter un coup d'œil d'ensemble sur cette extrémité de l'aqueduc du thalweg, tout en saisissant les principaux détails qu'elle nous offre à examiner.

En face de nous, substructions romaines consistant surtout en pierres de taille.

Du centre de ces pierres sortent plusieurs tuyaux en plomb et un robinet qui, lui, se trouve placé à 30 centimètres environ au-dessus de ces derniers. C'est le robinet romain qui fut découvert lors des travaux de captage exécutés par M. Jutier, et qui fournit une eau dont la température qui, après sa découverte, atteignait 73°, n'est plus aujourd'hui que de 69° et quelques dixièmes.

Au-dessous du robinet romain, émergeant également des constructions antiques, nous voyons la source Stanislas, dont la température oscille entre 69°,4' et 70°.

Émergeant du granit même, nous remarquons une troisième source tout à fait indépendante des constructions romaines et découverte par M. Jutier. C'est la source Vauquelin ; elle a une température de 69°,8'.

Ces trois sources ont ceci de particulier : c'est qu'elles émergent à plus de 2^{m},50 au-dessus du niveau des autres sources de l'aqueduc et à 3 mètres au-dessous du sol de la rue. La source Vauquelin donne lieu à un dégagement assez régulier de petites bulles de gaz.

En raison de leur température exceptionnellement élevée et de leur situation au-dessus du niveau des autres sources, on les a destinées à alimenter des étuves nouvelles et on a utilisé ainsi leur vapeur au niveau même de leur émergence.

Dans cette même partie de la galerie du thalweg, nous constatons l'existence de deux sources qui sortent du sol ; l'une à gauche, à la base même du granit, c'est la source n° 7 ; et l'autre, à droite, c'est la source n° 8.

La première offre une température moyenne de 52°,5' ; la seconde, la température bien inférieure de 40°,50". Cette différence notable, malgré la proximité de ces deux sources, tient fort probablement à ce que la source n° 8 est dans le voisinage du ruisseau de l'Eaugronne dont le lit, d'ailleurs, est situé à 3m,38 au-dessus d'elle.

C'est à peu près ce qu'il y a de remarquable à cette extrémité si curieuse de l'aqueduc.

Cependant, si vous le voulez bien, jetons encore un regard sur l'amas de roches granitiques qui forme la paroi nord de la galerie.

Voyez, s'il vous plaît, comme elles sont lisses, chaudes et même brûlantes au toucher, et comme, de leur pente doucement déclive, découlent continuellement de petits filets d'eau chaude dont le captage a dû être négligé en raison même de leur ténuité !

Notez aussi, en passant, que c'est le seul endroit de la galerie où ces roches existent, et remarquez en outre que c'est à leur pied qu'émergent les sources les plus chaudes.

Nous allons maintenant revenir sur nos pas et redescendre la galerie du thalweg. Dans ce parcours, nous allons rencontrer, sur notre gauche, autrement dit sur la paroi sud de la galerie, les sources comprises entre les n°s 6 et 1. Sur la paroi nord, nous remarquerons, entre les sources n°s 5 et 6, la source Mougeot[1].

Ces diverses sources ont une température qui varie entre 55° et 65°; par conséquent, une température moyenne de 59°,3'.

« L'eau s'élève du fond, en traversant des alluvions, et s'échappe de l'enchambrement principal dans une cuvette de passage d'où elle retombe dans le canal en pierre de taille qui recueille et réunit tous les produits[2]. »

Pour compléter ce qui a rapport aux sources de l'aqueduc du thalweg, nous devons citer la source dite du Puisard, qui n'a pu être l'objet « d'aucun travail de captage spécial en raison des difficultés que présentait sa situation ». (Jutier, p. 93.)

Elle se trouve au-dessous des fondations du bain impérial, et sa température est à 34°,70''.

En résumé, les treize sources mises à découvert par les travaux de l'aqueduc fournissent 465 mètres

1. Ainsi nommée du nom d'un savant modeste, autrefois médecin à Bruyères (Vosges).

2. Jutier et Lefort. Ouvrage cité, p. 87.

cubes d'eau en 24 heures, à la température moyenne de 58°,14''.

Les sources dites savonneuses sont au nombre de cinq.

Elles se distinguent des précédentes en ce qu'elles émergent à un niveau plus élevé, en ce qu'elles ont une température bien moins élevée, et que cette température ainsi que leur débit sont sujets à des variations assez considérables.

Cela tient probablement à ce qu'étant situées plus haut dans la vallée, elles sont exposées à des mélanges inévitables avec les eaux d'infiltration situées dans le voisinage.

Leur température moyenne varie entre 26 et 29°, et leur débit entre 45 et 50 mètres cubes en 24 heures.

Pour terminer notre succincte description des sources thermales de Plombières, il nous reste à dire quelques mots des sources dites *isolées*.

Elles sortent des berges de la vallée à des hauteurs variables.

On en compte six qui portent les noms de :

1° Source des Dames;

2° Source du Crucifix ;

3° Source des Capucins;

4° Source Fournie;

5° Sources Lambinet et du Trottoir;

6° Source Müller.

Les deux premières sont spécialement employées en boisson. La température de la source des Dames est de 51° ; celle du Crucifix a 47° en moyenne, car elle est moins stable que celle de la précédente.

Les autres sources isolées n'offrent rien de particulier, si ce n'est celle des Capucins.

Laissons, à ce propos, la parole à M. Jutier :

« Cette source jaillit du fond de la piscine du même nom par un trou circulaire entaillé dans le dallage et sert uniquement à alimenter ce bassin. Une galerie latérale, partant de l'aqueduc du thalweg, a mis à découvert l'origine de la source et nous a permis de reconnaître les travaux exécutés par les Romains sur ce point....

« L'eau s'échappe par une fente granitique bien accusée, dirigée vers le sud-est, qui n'a pas les apparences d'un filon et au voisinage de laquelle on trouve à peine quelques traces de quartz hyalin....

« Deux points d'émergence, l'un venant du fond, l'autre, plus abondant, venant du côté de l'est, ont, le premier 47°, et le second 52°. Débit, 63 mètres cubes en 24 heures [1]. »

Tels sont les rares détails dans lesquels nous avons cru devoir entrer dans cette notice.

Il y aurait des volumes à écrire (ceux qui ont été

1. Jutier et Lefort. Ouvrage cité, p. 104 et seq.

imprimés jusqu'ici l'attestent) sur la question des eaux de Plombières.

En effet, nous n'avons même pas parlé de la constitution chimique de ces eaux, de leurs propriétés physiques, etc.

C'est à dessein. Nous en traiterons plus longuement, et cette description trouvera mieux sa place lorsque nous aborderons l'étude de la clinique de Plombières, ce fascicule presque insignifiant n'étant que le prélude et l'entrée en matière de travaux ultérieurs intéressant plus directement la médecine et surtout la thérapeutique dans ses rapports avec la médication hydrothérapique et thermale.

C'est donc avec le sentiment de l'infériorité de notre œuvre que nous l'offrons au public, dans l'espoir de trouver en lui un juge bienveillant et bon appréciateur de la difficulté du sujet.

Nancy. — Imp. Berger-Levrault et Cie.

www.ingramcontent.com/pod-product-compliance
Ingram Content Group UK Ltd.
Pitfield, Milton Keynes, MK11 3LW, UK
UKHW020953220726
13924UKWH00002B/667